HYDROLOGIE DU BASSIN DU NIL

ESSAI

SUR

LA PRÉVISION DES CRUES

DU FLEUVE

PAR

VENTRE-BEY

INGÉNIEUR EN CHEF DE LA DIRA SANIEH DE S. A. LE KHÉDIVE

Communication faite à la Société Khédiviale de Géographie dans la séance du 24 mai 1893.

LE CAIRE

IMPRIMERIE NATIONALE

1893

DU MÊME AUTEUR

Essais sur l'hydrologie du bassin du Nil.

Sol égyptien et engrais.

Analyses relatives au sol égyptien.

Note sur la nitrification des Koms ou anciens monticules égyptiens.

Les engrais chimiques et l'Institut national agronomique.

Sauvons l'Humus.

Note sur une analyse de limon du Nil et sur l'épuisement du sol.

Le sol égyptien analysé par la betterave.

De la densité du sucre.

Procédé Aréo-Polarimétrique pour le contrôle de la fabrication du sucre.

Quelques notes sur la fabrication du sucre et le traitement de la canne en Egypte.

Note sur la cristallisation des masses sucrées industrielles.

Application de la balance Raffard à l'étude et à la mesure du frottement.

Quelques recherches sur l'arc voltaïque et l'évaluation de la puissance lumineuse des foyers électriques à arcs.

Mémoire sur le fonctionnement de la machine dynamo-électrique Brush.

Sur l'âge de l'ancien temple d'Assouan.

Essai sur les calendriers égyptiens.

De l'année vague et de quelques nombres mystérieux des anciens Egyptiens.

Les noms de Memphis et le mot « pyramide ».

Essai sur les noms du fleuve égyptien, le nom de l'un des mois du calendrier copte et l'étymologie du mot « Nil ».

Formule pour convertir une date musulmane en date chrétienne et réciproquement.

Les Egyptiens connaissaient-ils la source de leur fleuve? — Essai archéologique sur l'origine physique du Nil.

Sur l'origine des mots « Egypte, Copte et Papyrus ».

HYDROLOGIE DU BASSIN DU NIL

ESSAI

SUR

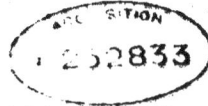

LA PRÉVISION DES CRUES

DU FLEUVE

PAR

VENTRE-BEY

INGÉNIEUR EN CHEF DE LA PAIRA SANIEM DE S. A. LE KHÉDIVE

Communication faite a la Société Khédiviale de Géographie dans la séance du 20 mai 1893.

LE CAIRE

IMPRIMERIE NATIONALE

1893

ESSAI

SUR

LA PRÉVISION DES CRUES DU FLEUVE

PAR

VENTRE-BEY [1]

MESDAMES, MESSIEURS,

J'ai à vous parler du Nil.

C'est un fleuve dont la Société Khédiviale de Géographie a dû s'occuper bien des fois. D'autres voix, en effet, plus autorisées que la mienne, celle de l'illustre explorateur et savant intrépide, fondateur de cette société dont il occupe, aujourd'hui comme autrefois, le fauteuil présidentiel, j'ai nommé le Dr Schweinfurth, celles de nombre de nos collègues, et, tout récemment encore, celles de notre secrétaire général, Bonola bey, et de notre président, S. E. Abbate pacha, ont fait retentir les salles de nos réunions du nom du Nil. *Caput Nili quærere*, c'était surtout le but de notre société.

Mais le Nil, comme le fleuve-dieu que les textes anciens font connaître, se renouvelant perpétuellement,

[1] Voir le Compte rendu de la séance du 30 mai 1893.

qualifié aussi de « revivant » *nem-ankh*, est un sujet inépuisable, sujet d'étude toujours nouveau, quel que soit, du reste, le point de vue, archéologique, hydrographique ou géographique, auquel on se place.

Sans autre préambule, j'entre immédiatement en matière.

On sait que le manque de pluies qui caractérise l'Egypte proprement dite a pour causes le voisinage des déserts, la topographie sans relief particulier des contrées environnantes. Nous savons, en effet, que pour produire de la pluie il faut d'abord qu'un vent arrive chargé de vapeur d'eau, et qu'il rencontre des obstacles à sa marche, tels que les grands reliefs naturels du sol, chaînes de collines, cols, montagnes, vrais paravents contre lesquels il vient s'essuyer ou frapper, se dépouillant ainsi de son humidité, ou, comme dans les mers équatoriales, que deux vents viennent se réunir, se comprimer dans une zône de calme pour donner lieu à ces nuages chargés de vapeur d'eau qui s'élèvent verticalement, se résolvant de suite en pluie par condensation dans les parties supérieures plus froides de l'atmosphère. Tels sont ces nuages qui crèvent brusquement et qui, en mer, caractérisent les régions du *Baptême de la Ligne* (équateur) suivant la pittoresque expression des marins. Or rien de ce qui précède ne peut se produire en Egypte ; et nous verrons plus loin qu'il existe un parallèle de la région du Haut-Nil à partir duquel les conditions changent. En résumé, l'absence complète de tout relief ou chaînes de montagnes importants, et le pouvoir absorbant des immenses

étendues de déserts qui enserrent l'Egypte proprement
dite, sont les causes qui empêchent la production de la
pluie. Les quelques ondées de courte durée que l'on
signale çà et là dans le désert Arabique et qui arrivent
quelquefois à se produire jusque sous les parallèles de
la Moyenne-Egypte sont accidentelles, rares, s'expli-
quent du reste par la topographie, en certains points,
assez accidentée paraît-il, du désert qui sépare la mer
Rouge de la vallée du Nil, et sont, en tous cas, indépen-
dantes des grands phénomènes météorologiques dont
nous aurons à nous occuper plus loin.

DE LA CRUE DU NIL

Résumons ici ce que l'on sait sur les crues du fleuve.
La hauteur des crues mesurées aux échelles principales, dont il sera question, les dates des commencement et fin de crues, du passage du *flot*, à Kartoum, à
Assouan, et autres points intermédiaires jusqu'à Sioul,
première station de la Haute-Egypte, et le Caire, sont
ici des moyennes résultant, d'une part, des publica-
tions officielles et, d'autre part, des données mises à
notre disposition (bureau Rousseau bey) par les archives
du bureau télégraphique du palais d'Abdine, sous le
règne et par ordre de S.A. le Khédive Ismaïl pacha,
c'est-à-dire à l'époque ou le Soudan n'était pas formé.

MANIFESTATION DE LA CRUE. — Le fleuve, grossi par les
pluies équatoriales qui emplissent les lacs où il s'alimente et par la fonte des neiges, subit à Khartoum,

confluent du fleuve Blanc, venant de l'Equateur et du fleuve Bleu, descendant des plateaux d'Abyssinie, une crue qui se manifeste à la hauteur de cette station vers le milieu du mois de mai, et qui, augmentée des apports, d'ailleurs fort irréguliers du torrent *Atbara* (dernier affluent à 56 kilomètres sud de Berber), se transmet au Cairo vers les premiers jours de juillet (vers le 23 juin à Siout). Toutes les dates mentionnées dans le courant de cette étude sont rapportées au calendrier grégorien.

Un premier gonflement a lieu au Cairo avant cette époque, mais il est moins sensible que celui des premiers jours de juillet; il est occasionné par la crue du fleuve Bleu qui fait son apparition à Khartoum avant celle du fleuve Blanc. Ce premier gonflement se fait sentir au Cairo vers le 17 juin, époque appelée *Nocta* qui veut dire «goutte» ou «point »[1] en arabe, ou «germe» suivant certaines idées égyptiennes très anciennes dont j'ai parlé ailleurs et que je n'ai pas à développer ici [1].

L'entraînement des matières végétales en décomposition dans les lacs ou grands marais traversés par le fleuve dans son cours supérieur, donne lieu à ce que l'on nomme « les eaux vertes », qui font leur apparition au Cairo au commencement de juin. Elles durent pendant tout le mois en s'améliorant, naturellement, surtout par le mélange avec les eaux du fleuve Bleu.

A la fin de juillet on voit ces eaux se troubler de plus en plus et finir par prendre une teinte rougeâtre en charriant les matières provenant de la désagrégation des roches des plateaux supérieurs.

[1] Voir mon *Essai sur les Calendriers Egyptiens*, Bulletin de l'Institut Egyptien, mai 1892.

A partir de ce moment on se prépare de tous côtés à recevoir les bienfaits de l'inondation ; l'eau limoneuse de la crue est distribuée par des canaux creusés à 4 mètres environ au-dessous du terrain naturel à leur prise, et dont l'ouverture a lieu dans la première quinzaine d'août. On renforce les digues soit du fleuve, soit des canaux, partout où c'est nécessaire, et l'on redouble de surveillance. L'opération d'ouverture ci-dessus s'accomplit au Caire avec une certaine solennité : le barrage de la prise d'eau du canal *Khalig* qui traverse la capitale, est coupé, lorsque les eaux ont atteint une hauteur de 16 coudées environ « annoncées par le cheikh-mesureur du nilomètre de l'île de Roda ». Proclamation du *Wafa*, (¹) accomplissement ou, plutôt, promesse-espoir de la crue nécessaire, permettant l'arrosage de tout le pays ; cette hauteur représente 5 mètres au-dessus de l'étiage moyen du fleuve, c'est-à-dire les deux tiers du maximum de la crue « bonne », soit 7^m,50 devant le Vieux-Caire. Anciennement la proclamation du Wafa donnait le signal de la coupure des digues de prise d'eau de tous les canaux du Nil ; aujourd'hui ce n'est plus qu'une cérémonie dont la tradition s'est conservée au Caire, depuis l'exécution de certains grands canaux d'irrigation creusés à 1^m,50 ou 1 mètre au-dessous du plus bas étiage à leur prise, et qui assurent l'arrosage de certaines régions en tous temps et sans machines ; mais aussi, par contre, soit dit en passant, ces canaux à très long

(¹) Voir mon mémoire *Essai sur les noms du Fleuve Egyptien*, Bulletin de l'Institut Egyptien, fin décembre 1893.

parcours, destinés à la culture d'été, riche mais épuisante, et fonctionnant surtout en dehors de la période d'inondation, n'apportent le plus souvent que de l'eau claire, décantée et, dans tous les cas, bien moins riche elle-même en principes fertilisants que celle directe du fleuve (¹).

HAUTEUR DE LA CRUE. — A partir du moment où l'on ouvre les canaux, le mouvement ascensionnel des eaux se ralentit sensiblement par suite du volume d'eau énorme qui est enlevé au Nil et qui se répand sur presque toute la surface de l'Egypte. La crue atteint au Caire son maximum vers la fin du mois de septembre. Au 26 septembre correspond dans le calendrier des coptes (14 ou 15 septembre Julien) l'éphéméride *Salib* (²), qui veut dire croix et suspension, parce que, parvenu à ce niveau de la crue, le fleuve reste stationnaire, comme suspendu, pendant quelques jours. Puis il se met à baisser, assez rapidement d'abord et lentement ensuite, pour reprendre son niveau d'étiage et, à partir du solstice d'été, recommencer de nouvelles phases de son oscillation toujours aux mêmes époques et avec une régularité presque parfaite. Souvent on observe une deuxième crue au Caire dans la première quinzaine d'octobre. Elle est tout accidentelle, produite par le déversement dans le fleuve des eaux provenant de la vidange des grands bassins de la Haute-Egypte. Lors de l'ouverture des déversoirs adossés au bassin de

(¹) Voir mes Études sur le *Sol Egyptien* et l'*Eau du Nil*, Institut Egyptien, années 1887 et 1890.
(²) Voir mon *Essai sur les Calendriers Egyptiens*, Bulletin de l'Institut Egyptien, mai 1892.

Kochcicha, par exemple, où viennent s'accumuler les eaux ayant servi'à l'inondation des terrains supérieurs situés plus au sud, un volume énorme vient se décharger dans le fleuve et peut produire vers la station de Wasta une surélévation de près d'un mètre. C'est ce flot supplémentaire qui se fait sentir, quoique bien atténué par la distance, jusqu'au Cairo et au delà, et peut occasionner quelques perturbations en aval de la digue de Kochcicha.

D'autres causes de perturbations peuvent intervenir dans la marche de la crue, la précipitation, par exemple, ou le retard apporté soit dans le remplissage, soit dans la vidange des bassins, les fautes commises dans la conduite de ces opérations, soit locales, soit générales, surtout dans le cas non prévu de la superposition trop forte ou trop tardive de la crue du fleuve Blanc sur celle provenant du fleuve Bleu. Mais ce n'est pas encore le moment d'examiner ces questions.

Nous avons vu que le fleuve, après avoir atteint son point culminant, restait stationnaire pendant quelques temps. Si l'on pouvait, à ce moment, distraire un certain volume d'eau du Nil quelque part à l'amont (tous les bassins d'inondation sont alors pleins et quelques centimètres d'abaissement suffiraient), le danger des ruptures de digues, tant redouté à cette époque, serait conjuré. Car les courbes des crues du Nil indiquent toutes une descente brusque immédiatement après le maximum; d'où l'opportunité de la création de certains réservoirs et comme justification première des projets, l'emmagasinement du trop plein de certaines

crues. Alors plus de crues désastreuses et celles qui
auraient pu le devenir resteraient simplement abondantes.

La hauteur de la crue n'est pas la même sur tous les
points du parcours du fleuve. Elle varie naturellement
avec l'étendue du lit et l'importance des débordements
du fleuve. En Nubie, où le cours d'eau est encaissé
entre des soulèvements montagneux très escarpés com-
posés de roches primitives, la crue atteint, en certains
endroits, des hauteurs considérables, jusqu'à 11 mètres
et plus. A Assouan, la hauteur n'est pas de 9 mètres;
un peu moins de 8 mètres à Siout; 7^m,50 à peine au
Caire; 7 mètres à la pointe du Delta dans les deux
branches du fleuve. A partir de ce dernier point, à
cause de la bifurcation des deux branches de Rosette
et de Damiette et de l'épanouissement du terrain sillonné
de canaux de toutes parts, les eaux se répandent sur
une surface considérable, la hauteur de la crue diminue
très rapidement; elle se réduit à 1^m,50 à peine vers
les villes de Rosette et de Damiette pour se confondre,
aux embouchures des deux branches, avec les oscilla-
tions des faibles marées de la Méditerranée.

DES INFILTRATIONS ET CRUE SOUTERRAINE DU FLEUVE, DANS LA
VALLÉE, PRIVÉE DE PLUIES, DE L'ÉGYPTE PROPREMENT DITE.
— La profondeur à laquelle on rencontre les eaux dans
le sol est assez variable. Elle dépend, évidemment, de
la distance dont on se trouve éloigné du fleuve et de la
nature plus ou moins compacte de l'alluvion du Nil,
variant naturellement suivant l'époque de formation

et la localité. Quoiqu'il en soit, on peut, sauf certaines
exceptions, admettre, d'après des expériences vérifiées
par nos propres observations, que pour des points situés
à des distances variant entre deux et trois kilomètres
du bord du fleuve, le niveau des basses eaux d'infiltration est à 1m,70 au-dessus de l'étiage du fleuve, au
droit de ces points («le fleuve à l'étiage s'alimente surtout
par le retour de ses propres eaux d'infiltration»,
question importante sur laquelle nous aurons à revenir
plus tard) et que le niveau des hautes eaux se trouve à
4m,20 au-dessus de ce même étiage, ce qui donne pour
l'amplitude de l'oscillation ou crue de l'infiltration,
2m,50. Quant aux époques des basses et des hautes
eaux, il est évident qu'elles ne sauraient coïncider avec
celles du fleuve. Pendant la période qui suit immédiatement l'époque du point culminant des eaux dans le
fleuve, le niveau de celui-ci commence à s'abaisser
tandis que celui, inférieur, de l'infiltration continue à
monter et, lorsque le fleuve recommence à monter après
l'étiage, l'infiltration continue encore à descendre
pendant un certain temps. De part et d'autre, la durée
de l'oscillation est la même, seulement la vitesse est
moindre pour l'infiltration et les époques des maxima
d'élévation et de baisse des eaux se trouvent ainsi être
un peu en retard sur celles du fleuve. Nous applique-
rons ailleurs les calculs que comporte la théorie de cet
immense réservoir souterrain soumis à certaines conditions de perméabilité, de capillarité des terrains, car
c'est bien une couche d'eau, réserve souterraine, de
2m,50 d'épaisseur qui vient ainsi se vider dans le Nil.

DISTINCTION ENTRE LA CRUE PROVENANT DU FLEUVE BLANC ET LA CRUE PROVENANT DU FLEUVE BLEU. — Nous avons dit que la crue provenant du fleuve Bleu était, à Khartoum, on avance sur celle du fleuve Blanc.

La précipitation avec laquelle le premier descend du lac Tsana (la pente du lit du fleuve est en moyenne de 1ᵐ,15 par kilomètre) produit, tout d'un coup, en Nubie, où le fleuve coule fortement encaissé entre des terrains durs et où il n'y a pas, à proprement parler, de terrains à inonder, une surélévation considérable du niveau des eaux, dont l'effet, tout en allant en diminuant vers le nord, va se faire encore sentir en Égypte et jusqu'au Caire, comme nous l'avons signalé.

La crue provenant du fleuve Blanc n'est pas aussi rapide que celle du fleuve Bleu, mais elle donne un volume d'eau plus abondant par sa continuité, sans produire en Nubie un exhaussement aussi considérable.

Le maximum de la crue du fleuve Bleu est atteint à Khartoum vers le 20 août et celui du fleuve Blanc vers le 12 septembre, c'est-à-dire 23 jours après.

En Nubie, le maximum qui appartient au fleuve Bleu, ainsi qu'il vient d'être expliqué, a lieu vers la fin d'août. Il a lieu à Assouan 10 jours après avoir été signalé à Khartoum, c'est-à-dire vers le 30 août.

A partir d'Assouan, l'apparition du maximum de la crue, qui appartient toujours au fleuve Bleu, subit quelques retards par le fait des emprunts des canaux d'inondation ; aussi n'est-ce que vers le 5 septembre que ce maximum se produit à Louksor, et vers le 13 du même mois à Sioul. C'est pour la même raison que ce maximum n'est atteint au Caire que vers le 26 septembre, date du *Salib*.

Le maximum de la crue correspondant au fleuve Blanc, postérieur, disons-nous, à celui du fleuve Bleu, ne s'observe pas toujours au Caire; la vidange des bassins par le déversoir de Kocheicha, dont nous avons expliqué le jeu, y produisant une crue artificielle de $0^m,50$ environ en moyenne, que l'on observe ordinairement vers le 14 octobre, c'est-à-dire après le maximum constaté le 26 septembre. Ajoutons que l'époque de cette vidange peut être devancée; c'est ce qui arrive lorsque, trompé par les allures d'une crue, on l'a admise trop tôt dans les bassins ou qu'il y a danger (ruptures de digues ou retard des semailles) à conserver plus longtemps les eaux dans ces bassins. Il peut se faire alors que cette crue artificielle se superpose à celle maximum du 26 septembre.

Hauteur effective de la crue dans différentes localités.

— Résumons, ci-après, ces données :

1° à peine dans les Lacs Équatoriaux, d'après Baker, vu les grandes dimensions de ces lacs;

Les grands affluents n'ont pas encore donné.

2° à Gondokoro dans un endroit où la largeur du fleuve est de 200^m et sa profondeur moyenne $2^m,20$ aux basses eaux; même par les fortes crues la cote d'élévation au-dessus de l'étiage moyen ne dépasse guère $2^m,25$;

3° à une vingtaine de kilomètres au Nord de Gondokoro, hauteur augmentant à mesure qu'on s'avance vers le Nord;

Le nombre des affluents augmente, mais, par contre, le fleuve se répand dans les vastes marécages compris entre le 5° et 9° parallèle.

6° au minimum vers le 9° de latitude, vers le confluent du Saubat, à l'aval du fleuve des Gazelles;

Tous les affluents ont donné, moins l'Atbara.

7ᵐ à Khartoum, dans un endroit où le lit du fleuve a une largeur assez considérable (2 à 3ᵏᵐ); les eaux se répandent, en outre, dans de vastes plaines. C'est aussi une cote de bonne crue moyenne donnée par les registres des observations du nilomètre de cette station;

8ᵐ,50 à Chendy — 190ᵏᵐ de Khartoum;

9ᵐ,50 au bas de la cataracte d'Hannek, 705ᵏᵐ au nord du confluent de l'Atbara et 865ᵏᵐ de Chendy;

7ᵐ en amont des rapides suivants (à cause de la plus grande largeur du fleuve);

8ᵐ au commencement des rapides de la cataracte de Kaibar, à 63ᵏᵐ de l'endroit précédent;

10ᵐ,50 au bas de ces rapides en un point où le fleuve se réduit à 900ᵐ de largeur;

11ᵐ,75 à Semneh au milieu des roches granitiques, 250ᵏᵐ plus bas que ces derniers rapides;

9ᵐ et un peu plus en amont de la cataracte de Wady-Halfa;

8ᵐ,80 à Assouan.

Chiffres se rapportant aux bonnes crues de 1872 et 1871.

9ᵐ à la section réduite de Gebel-Cileily, le remou de gonflement dû à la retenue naturelle du fond (seuil rocheux) s'effaçant en partie à la crue;

8ᵐ,50 à Edfou;

7ᵐ,90 à Siout;

7ᵐ,40 au Caire;

7ᵐ en moyenne vers la pointe du Delta, dans les deux branches du fleuve.

Ensuite il y a diminution plus rapide sur chaque branche du fleuve à cause de la grande expansion des eaux par les canaux et du raccordement avec le niveau horizontal de la Méditerranée:

5ᵐ,50 environ à l'extrémité aval du premier tiers de chacune des branches;

2ᵐ,40 et 3ᵐ environ à l'extrémité aval du second tiers de chacune des branches;

1ᵐ,50 environ à chacune des villes de Rosette et de Damiette;

0ᵐ,00 dans les embouchures des deux branches.

VITESSE DE PROPAGATION DU FLOT. — Nous avons dit que le premier gonflement du fleuve se faisait sentir au Caire vers la date du *Nocta*, correspondant au 17 du mois de juin. Or, c'est vers le 26 avril que ce commencement de crue se produit à Khartoum, et les différentes stations échelonnées le long du fleuve, prévenues par télégraphe de l'arrivée du flot, le voient passer aux époques suivantes :

A Dongola...	vers le 17 mai	c'est-à-dire	21 jours	après l'apparition à Khartoum.	
A Ouady-Halfa	»	24 mai	»	7 jours	»	à Dongola.
A Assouan...	»	29 mai	»	5 jours	»	à Ouady-Halfa.
A Siout.....	»	9 juin	»	11 jours	»	à Assouan.
Au Caire....	»	17 juin	»	8 jours	»	à Siout.

Total p' le parcours de Khartoum au Caire 52 jours.

Ces données, jointes à celles que je me propose de présenter encore, seront très utiles dans les recherches relatives à la prévision des crues.

Afin de nous rendre compte de la vitesse de propagation du premier flot entre les différentes localités intermédiaires et mettre en évidence les circonstances diverses dont cette vitesse dépend, dressons le tableau suivant :

TRONÇONS DU PARCOURS	DISTANCE	DURÉE DU VOYAGE DU 1er FLOT	VITESSE PAR HEURE RÉSULTANTE	OBSERVATIONS
	kilomètres		mètres	
De Khartoum à Dongola	1.027	21 jours	2.038	Encaissement sans expansions du fleuve sur près de la moitié nord du parcours avec séries nombreuses de rapides. Mais grande presqu'île de Méroé à l'est, sur la première moitié sud de ce parcours, formée de vastes plaines, et plaines des deux côtés du fleuve, à l'amont et à l'aval du rapide Salaloka.
De Dongola à Halfa ...	421	7 jours	2.506	Encaissement du fleuve avec séries de cataractes et rapides.— Quelques maigres cultures entre Dongola et Hannak.— Emprunts au fleuve insignifiants.
De Halfa à Assouan....	313	5 jours	2.900	Grands encaissements du fleuve avec rapides; étranglement de Kalabcheh; fortes pentes du fleuve à l'aval de Korosko.
D'Assouan à Siout.....	555	11 jours	2.111	Endiguement du fleuve. — Quelques emprunts au fleuve par canaux autres que ceux servant à l'inondation.
De Siout au Caire	405	8 jours	2.100	Endiguement du fleuve sans emprunts sensibles. Les emprunts ont eu lieu à Siout pour toute la région des cultures d'été, compris le Fayoum. — Pente d'étiage 0m,05 par kil.
TOTAL...		52 JOURS		ÉGal AU CHIFFRE DU TABLEAU PRÉCÉDENT.

Ce tableau permet donc de déterminer l'époque du passage, devant chaque localité, du premier flot produit par la crue du fleuve Bleu. Quant à la crue du fleuve Blanc, qui constitue la vrai crue du Nil et dont le flot doit arriver après celui du fleuve Bleu, elle commence à se manifester le 19 mai à Khartoum et le 7 juillet au Caire (¹). Il faut donc 49 jours à ce deuxième flot pour parcourir la distance qui sépare ces deux localités,

(¹) Je répète que ce sont des moyennes et il me les faut pour tabler.

c'est-à-dire 3 jours de moins que pour le flot provenant du fleuve Bleu. Cette différence tient évidemment à ce que la crue du fleuve Blanc est moins torrentielle, de durée plus longue, mieux nourrie, plus soutenue, l'influence des pertes étant alors moins sensible, et, partant, donne lieu à un flot plus accentué dans tout son parcours d'aval. D'où le tableau relatif au deuxième flot dont les vitesses sont les $^{51}/_{49}$ des précédentes :

TRONÇONS DU PARCOURS	VITESSE DU 2me FLOT PAR MÈTRE	DISTANCES	(A) TEMPS NÉCESSAIRE A LA PROPAGATION DU FLOT	
			d'une localité à la suivante	depuis Khartoum
	mètres	kilomètres	heures	heures
De Khartoum à Dongola	2.162	1.027	473	473
De Dongola à Halfa................	2.659	421	158	633
De Halfa à Assouan	3.077	348	112	746
D'Assouan à Sioul................	2.263	535	249	995
De Sioul au Caire.................	2.228	465	182	1.177

CONSTRUCTION D'UN TABLEAU POUR SERVIR A L'ANNONCE DES CRUES, DANS LES PRINCIPALES LOCALITÉS DEPUIS KHARTOUM. — Nous serions tenté de faire remonter le tableau jusqu'à Gondokoro, et même au-delà, jusqu'aux grands lacs de l'Equateur; mais, outre que les renseignements que nous possédons manquent de précision, principalement pour cette immense région des sources du fleuve, les nombreux affluents d'une part, la grande expansion de leurs eaux, l'action modératrice ou régulatrice, d'autre part, des lacs ou marais, situés entre les 5e et 9e degrés et traversés par le flot, compliquent tellement la question que nous n'arriverions à la résoudre que par des hypothèses. Bornons-nous donc, pour le moment, aux indications à tirer des éléments, certains, du tableau précédent, auxquels nous joignons les données suivantes :

LOCALITÉS	ALTITUDES DU FLEUVE	DISTANCES	(B) PENTES KILO- MÉTRIQUES	OBSERVATIONS
	mètres	kilomètres	mètres	
Khartoum	370.—			
		313	0.116	Comprend la sixième cataracte (12ᵐ de chute) à 86 k. N. de Khartoum.
Berber	330.—			
		682	0.135	Comprend une chute totale de 55ᵐ résultant des cinquième et quatrième cataractes et de 9 autres rapides.
Dongola.................	281.—			
		421	0.147	Comprend la troisième cataracte, à 41 k. N. de Dongola, la cataracte de Wady-Halfa et 9 autres rapides intermédiaires, en tout 67ᵐ de chute pour ces cataractes et rapides.
Pied de la cataracte de Halfa...............	120.—			
		348	0.082	Première cataracte. — 3ᵐ de chute pour ce rapide.
Pied de la cataracte d'Assouan.............	92.16			
TOTAL...		1.796		

Les 1,796 kilomètres du cours total du fleuve entre Khartoum et Assouan comprennent donc des séries de rapides ou cataractes qui, sur un parcours de 193 kilomètres, à elles seules, donnent 140 mètres de chutes totales plus ou moins brusques entrant dans la pente générale

$$\frac{370^m - 80^m,16}{1,796^{km}} = \frac{230^m,84}{1,795^{km}} = 0^m,156 \text{ par kilomètre.}$$

Relevons, en passant, le chiffre 193 qui représente presque le $^1/_{10}$ du cours total du fleuve, et le chiffre 140 qui est la moitié de la pente totale.

Les chiffres ci-dessus sont tirés du grand ouvrage, si plein de précieux renseignements, *Le Nil, le Soudan, l'Egypte*, de M. Chélu bey (Garnier frères édit., Paris). Mais j'ai modifié quelque peu les chiffres relatifs au cours, aval, du fleuve, la partie au nord d'Assouan m'étant plus connue. En voici, du reste, les données, disposées comme il convient pour cette étude :

LOCALITÉS	SUIVANT L'AXE DU FLEUVE	
	DISTANCES	(C) PENTES KILOMÉTRIQUES DES HAUTES EAUX
	Kilomètres	Mètres
Assouan...	81	0.076
Prise du Canal Ramadi.........................	87	0.077
Prise du canal Asfoun..........................	33	0.077
Ermont...	80	0.080
Kéneh..	118	0.080
Sohag..	126	0.085
Siout...	102	0.085
Roda...	124	0.085
Magaga..	87	0.085
Déversoir de Kocheicha........................	91	0.080
Le Caire...	23	0.090
Pointe du Delta (barrage ouvert)..............		
TOTAL...	986	Raccordement parabolique avec le niveau de la mer.

Le régime du fleuve aux hautes eaux étant bien établi, il est évident que la différence du temps que met le « flot », c'est-à-dire un nouveau flux d'eau, supplémentaire, bien accusé, pour se manifester, à distances égales, successivement à l'amont et à l'aval d'une localité donnée, dépend, toutes choses égales d'ailleurs, de la différence de pente elle-même du cours d'eau dans ces deux parties ; la vitesse de propagation tendant naturellement à augmenter sur la pente partielle plus forte et diminuer sur celle plus faible.

Le temps du voyage du flot entre les localités intermédiaires dont les moyennes d'observations directes manquent, peut donc être calculé.

Des éléments, colonnes **(a)** **(b)** **(c)**, des tableaux qui précèdent, nous avons déduit le tableau général ci-après.

La première colonne renferme les noms des principales localités où il importe surtout de connaître la marche de la crue.

Les données des deuxième et troisième colonnes sont extraites, comme je l'ai dit, en partie, de l'ouvrage de M. Chélu bey et de mes notes ou observations personnelles, et, en partie aussi, des cartes les plus récentes et des documents officiels publiés par le Ministère des Travaux publics.

Les quatre colonnes suivantes sont les éléments calculés.

La colonne qui termine le tableau est relative aux hauteurs des crues (hauteurs « effectives », c'est-à-dire comptées au-dessus des étiages moyens), pour chacune des localités dont j'ai pu me procurer les observations.

Tableau permettant de calculer pour chaque localité
la date et l'importance d'un accroissement de crue télégraphiée par Khartoum
ou tout autre point situé à l'aval de cette station.

LOCALITÉS	PENTES KILOMÉTRIQUES DU FLEUVE	DISTANCES KILOMÉTRIQUES	TEMPS NÉCESSAIRE A LA PROPAGATION DU FLOT				HAUTEURS normales effectives des crues dites très hautes.
			ENTRE DEUX LOCALITÉS	DEPUIS KHARTOUM	DEPUIS BERBER	DEPUIS HALFA	
			heures	heures	heures	heures	mètres
Khartoum........				0	....	....	7.60
	0.116	363	191				
Berber..........				191	0	—	—
	0.155	652	281				
Dongola........				473	281	—	—
	0.217	481	139				
Wady-Halfa......				633	412	0	9.00
	0.089	345	113				
Assouan.........				716	533	113	8.80
	0.076	81	39				
Prise du canal Ramadi........				785	591	152	—
	0.077	87	46				
Prise du canal Asfoun...........				825	631	192	8.50
	0.077	33	15				
Erment.........				849	619	207	—
	0.080	80	36				
Kéneh.........				876	683	213	8.30
	0.080	145	65				
Sohag....				912	751	309	—
	0.083	126	53				
Siout..........				993	801	361	7.90
	0.083	102	45				
Roda..........				1.040	819	407	—
	0.083	122	54				
Magaga..........				1.094	903	461	—
	0.083	87	39				
Déversoir de Kocheicha........				1.133	912	500	—
	0.080	91	41				
Le Caire........			$\left.\begin{array}{l}\\ \end{array}\right\}$49 JOURS =1.177	$\left.\begin{array}{l}\\ \end{array}\right\}$=936	$\left.\begin{array}{l}\\ \end{array}\right\}$=511	7.40	
	0.080	23	11				
Origine de chacune des 2 branches du Delta..				1.188	997	533	7.00
Cours total du fleuve entre Khartoum et la pointe du Delta kil.	2.782	{parcouru en}	1.188ᵏ = 49 jours¹/₂				

CONTROLE DE LA CRUE DE 1878 (Application du tableau
précédent). — Nous avons dit que le maximum de la

crue du fleuve Bleu constaté le 20 août à Khartoum se manifeste le 26 septembre au Caire. C'est du moins ce qui résulte des moyennes d'observations nombreuses faites à ces deux stations.

Supposons qu'à cette date du 20 août un flux nouveau, un accroissement subit de crue vienne à se produire à Khartoum; ce flot arrivera (se reporter au tableau) 746 heures, ou 31 jours après, c'est-à-dire le 20 septembre à Assouan; il passera à Sioul le 30 septembre, 995 heures, ou 41 jours après son départ de Khartoum, et, au bout de 49 jours, c'est-à-dire le 8 octobre, il apparaîtra au Caire.

A ce moment les dispositions auront dû avoir été prises pour conserver les eaux des grands bassins d'inondation et notamment de celui de Kocheicha, dont la vidange peut, à elle seule, produire une crue factice de plus de 0^m,50 même à l'aval du Caire et qui viendrait ainsi se superposer encore à celle annoncée.

Avant l'arrivée du flot supplémentaire, c'est-à-dire entre la fin septembre et le 8 octobre, pour le Caire, le fleuve s'élève normalement jusqu'à la cote maximum 25 coudées, par exemple, d'une crue forte. Le 8 octobre, il gonfle donc subitement au-dessus de cette cote.

Vingt-cinq coudées du cheikh-mesureur représentent une forte crue effective de 7^m,90 au Caire, répondant elle-même à une forte crue de 7^m,50 [1] pour Khartoum, c'est-à-dire à la cote 7^m,50 + 5^m,40 = 12^m,90, ou 23^{coudées} $^{21}/_{21}$ (de Khartoum), au-dessus du zéro du nilo-

---

[1] C'est plus exactement 7^m,49, dans le rapport des montées normales du fleuve $\frac{7^m,40}{7^m,90} = \frac{7^m,90}{7^m,49}$ (Voir le tableau.)

mètre de cette station (il faut se reporter à notre tableau et à ce que nous avons dit relativement aux hauteurs comparées des crues, constatées dans les différentes localités).

Or le plan d'eau à 23^{coudées} $^{21}/_{24}$ était précisément le niveau d'équilibre, suspension *Salib*, auquel se maintenait le fleuve vers le 20 août 1878 à Khartoum avant de recevoir le flot supplémentaire dont nous voulons parler, qui du 20 août au 10 septembre fit monter son niveau jusqu'à la cote 26^{coudées} 5^{kirats} (de Khartoum) = 14^{m},15.

La différence 14^{m},15 — 12^{m},90 = 1^{m},25, constaté à l'échelle de Khartoum, est donc due à l'arrivée de ce flot supplémentaire qui occasionna bien des désastres en Égypte; flot dont on aurait pu prévoir plus tôt l'importance, désastres que l'on aurait pu, en partie, éviter en prenant certaines mesures plus appropriées aux circonstances et surtout moins tardives, car, à cet exhaussement subit de 1^{m},25 pour Khartoum ne répond, en somme, au Caire qu'un gonflement de 0^{m},67, c'est-à-dire de moitié, environ, au-dessus de la 25me coudée citée plus haut, gonflement qui, léger le 1er octobre, alla *crescendo* jusqu'au 10, date à laquelle la cote du fleuve atteignit son maximum 26^{coudées} 6^{kirats}; d'où la différence 26^{coudées} 6^{kirats} — 25^{coudées} = 1^{coudée} $^{1}/_{4}$ = les 0^{m},67. Le tout est en parfaite concordance avec les observations officielles connues et nos propres calculs.

Le contrôle de la marche, entre Khartoum et le Caire, de la crue de 1874, qui fut de 6 kirats plus élevée encore que celle de 1878, et d'autres crues non moins

intéressantes, s'annonçant les unes mauvaises, insuffi-
santes, les autres abondantes ou trop abondantes, se
ferait de la même façon. J'aurai, d'ailleurs, l'occasion
de revenir sur cette question dans un autre mémoire,
à vous présenter aussi, qui comprendra l'étude détaillée
de chaque crue, 1874-1877-1878 pour Khartoum, Assouan, le Caire et quelques stations intermédiaires.

Cela dit sur la prévision ou, plutôt, annonce, des
crues du fleuve pour l'aval de Khartoum, il me faut
présenter maintenant quelques considérations sur
l'hydrologie particulière à la région des lacs qui con-
stituent les principales sources du Nil.

Sur l'hydrologie du bassin du Nil dans les régions équatoriales. — Résumons en deux mots ce que tout le
monde sait :

Il résulte des récits des voyageurs qui ont exploré
ces contrées éloignées, et c'est un fait aujourd'hui acquis
à la géographie, que le Nil s'alimente dans d'immenses
lacs où viennent s'accumuler les eaux des pluies, abondantes dans ces régions, et les eaux provenant de la
fonte des neiges des montagnes voisines.

Une grande humidité règne d'une façon presque
continue, sauf toutefois, dit-on, pendant les mois qui
correspondent à notre hiver ; la température y serait
alors plus sèche et plus élevée, d'où l'évaporation pendant ces mois-là plus grande, contribuant à produire
un abaissement du niveau de l'eau dans ces lacs. Mais
la surface de ces lacs est tellement considérable que,
malgré cette baisse, ils contiennent assez d'eau pour

assurer l'alimentation des cours d'eau qui s'en échappent, en attendant qu'ils se remplissent de nouveau à la saison des pluies suivantes. Ces lacs deviennent ainsi de véritables réservoirs-régulateurs, et c'est ce qui fait que le fleuve peut traverser, en roulant à l'étiage un volume d'eau relativement considérable, toute la région inférieure, privée de pluies et d'affluents, qui s'étend sur 2,700 kilomètres, suivant son cours jusqu'à la mer. Pour aujourd'hui, je m'abstiens de donner des chiffres qu'il me faudrait ici discuter; cependant je dois faire observer, ce que j'ai déjà rappelé, que, pendant ce long parcours, le fleuve est surtout alimenté, à l'étiage, par les retours, dans son lit, de ses propres eaux d'infiltrations, questions que je dois traiter dans un autre mémoire. Quoiqu'il en soit, les pluies commencent à reprendre, dans la région équatoriale, vers le milieu de février, et la fonte des neiges de quelques hautes montagnes commencerait à se produire vers la même époque. Il en résulte une crue du fleuve Blanc qui se manifeste à Gondokoro 4° 50' lat. N., chaque année, avec une régularité remarquable, vers la fin du mois de février.

Mais il ne suffit pas d'avoir enregistré ces précieuses observations, il nous faut aussi expliquer la régularité de ces pluies et avalanches produisant la périodicité régulière des crues. Reportons-nous à la théorie des grands courants de l'atmosphère:

La fonte périodique des neiges s'explique ici aisément par le fait même de sa concordance avec l'approche du soleil venant de l'hémisphère sud, et l'échauffement direct, en février, précisément, des différents parallèles avoisinant l'équateur, dans la région des Lacs la plus élevée. Passons à l'autre question : pendant le passage du soleil à l'équateur et son retour pour redescendre dans l'hémisphère austral, il se produit un échauffement général sur toute la région équatoriale. L'air absorbant peu les rayons calorifiques du soleil, s'échauffe ou se refroidit surtout au contact du sol, dont la capacité calorifique est bien plus grande. Ce sont donc les couches atmosphériques voisines de la Terre qui s'échauffent le plus sous l'action du soleil, elles se dilatent par la chaleur et tendent à monter à la surface de l'océan aérien. L'air chaud qui s'élève détermine donc sous lui un afflux d'air plus lourd et plus froid.

Voyons donc la direction que va prendre ce dernier dans le cas qui nous occupe :

Deux causes viennent concourir pour produire un courant venant de la mer des Indes et amenant avec lui la pluie. Sous l'influence de l'échauffement de l'équateur, l'air afflue des deux hémisphères vers cet équateur ; mais, par le fait de la rotation de la Terre, ces deux courants, à mesure qu'ils s'avancent, rencontrent comme on sait des vitesses de circulation de l'ouest à l'est plus grandes que la leur, la vitesse maximum étant à l'équateur ; il en résulte que ces deux courants sont infléchis vers l'est et qu'ils soufflent dans la région équatoriale, l'un du N.-E. et l'autre du S.-E. C'est la théorie ordinaire des vents alizés, dont la direction moyenne dans l'hémisphère nord des Océans, est, d'après Maury, N. 52° 45' E., et, dans

l'hémisphère sud, S. 49° 53' E.; or, l'un, par suite de
la configuration même de la côte est de l'Afrique,
n'atteint pas la région de nos lacs; il n'y arrive qu'après
avoir traversé les vastes régions de la partie orientale
de l'Afrique, comprenant le pays des *Gallas* et celui
Somali, et même les déserts du sud de l'Arabie, c'est-à-
dire qu'il y arrive dépouillé, en partie, de son humidité.
Mais l'autre vent y arrive droit en plein. La position
particulière des lacs de la région qui nous occupe ici,
au sud-est du continent africain, fait donc que l'alizé
sud-est qui y domine y arrive chargé d'humidité
amassée pendant la traversée de la mer des Indes.

Dans cette région, assez accidentée, le vent humide
se refroidit de plus en plus en remontant les versants
des plateaux échelonnés jusqu'à la région des Lacs
(1,100 et 1,200 mètres d'altitude pour l'Edouard-Albert
et le Victoria-Nyanza et plus de 700 mètres pour
l'Albert), et les vapeurs qu'il contient vont retomber
en pluie en frappant les montagnes qui avoisinent ces
lacs, ou se convertir en neige au contact des cimes les
plus élevées, ou se condenser brusquement en pluie sur
la surface même des lacs, ce qui, dans ces régions
intertropicales, arrive très fréquemment.

L'autre cause qui peut tendre au même résultat c'est
l'afflux d'air vers certains parallèles chauffés plus
directement par le soleil, sorte de *mousson* particulière
aux bassins du Nil et de ses affluents traversés par ces
parallèles et se chargeant, comme précédemment,
d'humidité par son passage sur l'océan Indien.

Analysons cette autre cause:

Nous avons dit qu'il y a dans la région des Lacs une

période de sécheresse relative, et qu'elle correspond
aux mois de notre hiver; en effet, à cette époque, le
Soleil se trouve vers le solstice, correspondant au tro-
pique du Capricorne, échauffant directement toute la
zône méridionale de l'Afrique avoisinant le parallèle
23° 27' sud, le foyer d'appel se trouve donc reporté vers
ce parallèle et, comme les lacs où s'alimente le Nil sont
placés bien au-dessus, il s'ensuit que les courants
d'air humide (mousson) dont nous voulons parler en
dernier lieu n'atteignent pas encore la région de ces
lacs. Mais l'alizé, proprement dit, du nord-est souffle
toujours dans l'océan Indien. Il souffle aussi dans la
région équatoriale comprenant nos lacs, mais seul
alors, par le fait même de la position du Soleil descendu
dans l'hémisphère austral; ce vent, plus ou moins
dénaturé, plus ou moins essuyé ou sec par la raison
donnée plus haut, tend donc, à cette époque de l'année,
c'est-à-dire de novembre à février, à dominer sur celui
sud-est dans toute la région de nos lacs. Mais, au fur
et à mesure que le Soleil se rapproche de l'équateur, la
mousson le suit et ne peut donner lieu qu'à un courant
de vent humide, venant soit du sud-est, soit de l'est
dont l'effet résultant sera de faire infléchir de plus en
plus du côté est, le vent nord-est ci-dessus, jusqu'à
ce que celui-ci ou le vent d'est lui-même retourne
enfin, en plein, au sud-est dominant.

Ci-après un tableau des observations météorologiques
faites durant la période d'une année par les capitaines
Speke et Grant dans les territoires avoisinant le grand
lac Victoria-Nyanza, et qui confirment nettement
toute la théorie que je viens d'exposer.

On y constatera, en effet, de novembre à février, c'est-à-dire pour les mois correspondant à notre hiver, comme je l'ai expliqué, la prédominance du vent nord-est pas très humide, mais la chûte moyenne, mensuelle de la pluie n'en est pas moins de 103 milli- mètres, correspondant à 15 jours pluvieux dans le mois, tandisque, pendant les huit autres mois, la direction générale du vent étant bien est ou sud-est, le tout en parfaite concordance avec la théorie basée sur la marche du Soleil, la chûte mensuelle de la pluie atteint, en moyenne, 114 millimètres avec 22 jours pluvieux.

Observations météorologiques des capitaines Speke et Grant faites dans le Karagué, l'Uganda et l'Unyoro.

(Région ouest du grand lac Victoria-Nyanza.)

DATES	DIRECTION DU VENT	NOMBRE DE JOURS DE PLUIE	HAUTEUR DE PLUIE m/m.	TEMPÉRATURE CENTIGRADE RENCONTRÉE		TEMPÉRATURE CENTIGRADE MENSUELLE		
				maxima	minima	moyenne	maxima	minima
Novembre... 1861	N.E.	17	162.6	29.6	13.5	21.6	28.9	13.9
Décembre... »	N.E.	16	70.6	27.4	13.5	20.0	28.9	11.7
Janvier..... 1862	N.E.	11	66.5	27.5	11.9	20.3	29.4	12.7
Février... . »	N.E.	13	93.0	26.9	11.9	20.0	27.6	11.4
Mars......... »	E.q.q.d.N.	21	100.0	27.4	15.9	20.5	28.9	15.0
Avril........ »	variable	27	190.6	26.3	15.8	19.4	27.8	15.6
Mai......... »	E.q.q.d.S.	26	135.5	27.8	—	—	27.8	—
Juin........ »	S.E.	20	14.9	26.1	16.0	20.5	26.7	15.0
Juillet...... »	S.E.	22	166.4	29.6	16.9	22.2	32.6	16.1
Août........ »	S.E.	20	76.8	31.7	13.6	21.4	31.7	15.6
Septembre.. »	E. { var.	18	71.8	28.5	17.0	23.2	26.9	10.1
Octobre..... »	{ var.	27	318.4	28.1	17.6	22.6	28.9	17.2

En résumé, pas de vent sud à proprement parler, et ce sont bien les vents d'est et sud-est surtout qui amènent la pluie dans la région des Lacs ; mais il y fait toujours humide, car l'écart entre les hauteurs de pluies tombées pour les deux périodes, saison des pluies et saison prétendue « sèche » (suivant quelques auteurs) ne dépasse même pas le 10ᵐᵉ du maximum tombé. Quant à la température, elle n'est que de 21° en moyenne et les moyennes mensuelles n'oscillent qu'entre 19°,4 et 24°,4, du thermomètre centigrade.

On lit, cependant, dans un grand et utile ouvrage récemment publié, le passage suivant :

« La condensation des vapeurs (formées au-dessus de l'océan Indien), par l'action réfrigérante des hauts sommets, entretient les pluies qui tombent, etc… Elles ne sont cependant pas l'unique source de ces pluies puisque les vents qui les amènent cessent, à partir de juin, de souffler de l'Est pour venir du Sud ».

Les observations de Speke et Grant indiquent, au contraire, une constance parfaite des vents du sud-est précisément à partir de juin. Je continue :

« En effet, si l'on songe que les quantités d'eau qui tombent dans le bassin du Victoria-Nyanza et sur le lac lui-même, sont considérablement supérieures à celles émises par le Nil-Sommerset, son unique affluent, le niveau du Nyanza ne semble subir que des oscilla-tions peu importantes, on en déduira que l'équilibre entre les apports et l'émission résulte « nécessairement » de l'énorme évaporation qui se produit à la surface du lac sous l'action de « l'ardent soleil » équatorial. »

Or les observations relatées ci-dessus, montrent à quoi peut se réduire un « ardent soleil », même équatorial, par un ciel couvert de nuages pluvieux et par une température mensuelle moyenne qui n'atteint même pas 25° centigrades. Et si, réellement, il existe une différence importante entre les apports et l'émission, l'équilibre, cependant constaté, ne résulte pas « nécessairement » de l'énorme évaporation...; la vraie explication est, d'ailleurs, donnée plus loin, dans un passage où il est dit, très judicieusement à mon avis, que : « Par l'infiltration, il doit se produire d'immenses pertes ; mais il serait impossible d'indiquer, même approximativement, les quantités d'eau qui vont ainsi alimenter les nappes souterraines que la sonde rencontre dans les déserts du Nord-Ouest et du Nord. »

Enfin « la condensation des vapeurs par l'action réfrigérante des hauts sommets » ne suffit pas pour expliquer la formation de la pluie. Elle explique surtout la formation de la neige, dont la fonte pour contribuer à l'alimentation du Nil ou de ses affluents, doit, du reste, coïncider avec l'approche du Soleil de l'équateur et son passage dans l'hémisphère nord.

Ainsi, nous avons dit plus haut que le premier mouvement de hausse du fleuve Blanc, vers le 5° de latitude nord, à Gondokoro, avait lieu vers la fin février et qu'il était dû principalement à la fonte successive des neiges des montagnes de la région équatoriale, la déclinaison australe du Soleil allant en diminuant. Pendant les mois de janvier et février, en effet, les vents dominants dans cette région sont encore du nord-est et n'amènent que peu de pluie par la raison donnée. Les observations de Speke et Grant ne donnent aussi que 14 et 12 jours de pluie pour ces deux mois (c'est le minimum de l'année). Le 21 mars, le Soleil passe à l'équateur, il vient donc chauffer directement les sommets neigeux successifs des montagnes des Gallas et des Alpes Abyssiniennes, dont certaines altitudes dépasseraient 3,000 mètres (le lac *Tsana* d'où sort le fleuve Bleu est déjà à 1,800 mètres).

La fonte successive des neiges, en allant du sud au nord, contribue donc à l'alimentation, d'abord, du *Saubat*, dont la crue débute précisément au commencement d'avril, puis du fleuve Bleu, qui commence à gonfler vers la fin du même mois.

L'hypothèse de l'alimentation du Nil par le système général des lacs équatoriaux dont l'évaporation devait alimenter elle-même les pluies tombant sur ces bassins a été aussi mise en avant; mais cette hypothèse fut rejetée de suite par M. Lombardini, savant ingénieur hydraulicien italien, par la raison, toute simple, que si cette seule évaporation devait alimenter les pluies, les lacs se seraient épuisés depuis longtemps.

LIMITES DU BASSIN DU NIL. — La théorie que j'ai exposée va nous permettre aussi de vérifier les limites géographiques données pour ce bassin.

L'arête de partage des eaux du bassin du Congo, d'une part, et du bassin du Nil d'autre part, est, depuis les dernières découvertes de M. Stanley, indiquée par les géographes entre le lac Tanganika, appartenant au versant ouest, et le groupe des lacs Victoria, Albert et Albert-Edouard Nyanza appartenant au Nil. Ce qui doit être, car tout le versant est de cette arête qui domine l'Albert-Edouard et le Victoria, dont les niveaux sont déjà à 1,100 et 1,200 mètres au-dessus de la mer, et qui contourne ensuite l'Albert à l'ouest, est exposé directement et à l'alizé sud-est et au vent est pendant la mousson particulière à cette région. Ce versant appartient donc bien au bassin supérieur du Nil qu'il limite ainsi, du côté ouest et sud-ouest, dans la région équatoriale.

L'arête de partage indiquée ci-dessus forme, au sud, une courbe tangente au parallèle 5° sud de *Tabora*, station située sur la route de toutes les récentes explorations équatoriales. Cette ligne prend ensuite la direction sud-nord, en suivant le méridien situé à peu près à mi-distance des bords de l'océan Indien et du lac Victoria, passe ainsi par les sommets des monts *Robéro, Kilma, Ambolotta, Kénia,* se prolonge jusque dans les régions inexplorées du pays des Gallas pour rejoindre probablement la chaîne des Alpes Éthiopiennes, et sépare ainsi, tout d'abord, les hauts plateaux des lacs équatoriaux du versant oriental descendant à la mer des Indes.

Quittons, maintenant, l'équateur et suivons le cours du fleuve depuis sa sortie de l'Albert-Nyanza, qui se prolonge, à proprement parler, jusque vers le 3° 3/4 de latitude nord ; nous passons devant de nombreux soulèvements rocheux, en descendant toute une série de rapides, dans une région traversée par des torrents et

3

quelques rivières dont fait partie l'*Assoua*, venant du sud-est, tributaire, d'ailleurs, assez peu important, et nous atteignons Gondokoro.

Dans la région, à droite, à partir de cette station, plusieurs *Hors* ou torrents descendent du sud-est, se réunissent ensuite pour se rendre dans le *Fleuve des Girafes*, lequel n'est, à proprement parler, qu'une branche du Nil qui débouche dans le fleuve Blanc au neuvième parallèle, à l'amont du Saubat.

Mais à partir de Gondokoro, ou plus exactement vers le mont *Lardo*, 5e parallèle, le bassin s'épanouit surtout du côté ouest: il comprend, en effet, les immenses marais s'étendant entre le 5e et le 9e parallèle, où il est impossible de distinguer, les uns des autres, les nombreux affluents qui drainent toute la région qui s'étend transversalement jusque vers le 24° de longitude. Le *Bahr-el-Arab* coulant de l'ouest à l'est est, avec le fleuve des Gazelles, auquel il se joint, le grand collecteur des eaux descendant du versant sud du Darfour et se rendant avec le trop-plein des marais inférieurs du 9e degré au fleuve Blanc. Cette région est soumise encore au régime du vent humide de l'océan Indien (mousson), ayant pu passer par la région des lacs équatoriaux, suivant la direction du sud-est au nord-ouest dont il a été parlé si souvent et il n'y a, pour le Darfour, que son versant sud qui puisse être atteint par ce vent dans cette direction. La simple inspection de la carte le prouve (paravent formé par la chaîne Ethiopienne). Et, en effet, on trouve sur le méridien 25° limitant le bassin à l'ouest et coupant le Darfour, des crêtes isolées de 1,000 et 1,100 mètres directement exposées à ce vent et constamment couvertes de nuages épais, tandis que le désert règne, avec ses *Bahr-Bel-Ama* ou fleuves sans eau, à l'est de la province. Aussi aucun affluent à signaler sur la gauche de notre fleuve, dans tout son parcours aval suivant la direction sud-nord qu'il prend à partir du 10e parallèle. Mais, par contre, à droite, trois grands affluents.

Dans cette dernière région se trouve la chaîne Éthiopienne dont le versant oriental, en y comprenant la partie inexplorée du pays des Gallas, forme, avons-nous dit, un paravent immense et librement, directement, frappé par les afflux pluvieux venant de la mer des Indes, passant par le golfe d'Aden ou au-dessus de la côte Somali ; ce qui explique la formation des nombreux cours d'eau dont les principaux, le Saubat, le fleuve Bleu, le Tacazzé ou Atbara, sont de grands affluents du Nil. Mais il nous faut aussi expliquer pourquoi ce sont les derniers,

Constatons, d'abord, que les cartes, celles de John Manuel, par exemple, placent la limite des pluies vers le nord, au parallèle 17° 30', ligne coupant la vallée du Nil un peu au sud de Berber, au confluent même de l'Atbara. Le territoire de Berber, situé vers le 18° de latitude nord, pouvant, en dehors des terres arrosées par le fleuve, produire quelque peu de coton ou doura etc., etc., commence donc à ne plus faire partie de la zone des pluies intertropicales. Et, en effet, appliquons la théorie : à partir de cette latitude, la contrée n'est plus soumise à l'influence des vents pluvieux soufflant de l'océan Indien ; car plus ici d'alizé, et la queue de la presqu'île Arabique, de cet immense désert, se trouve juste là, à l'est, pour commencer à arrêter ou sécher les afflux particuliers venant de l'est, dont j'ai parlé ; et, d'autre part, la haute chaîne des Alpes Éthiopiennes courant à peu près suivant un méridien, vient barrer tout afflux de sud-est ; il ne suffit pas qu'un vent vienne de l'équateur pour être humide, il faut encore qu'il ait conservé sa vapeur d'eau. Plus les montagnes sont élevées, plus le vent est sec après les avoir traversées. Le versant est de la chaîne en question, qui est au vent, condense la vapeur et en est inondé ; le versant opposé est sec, relativement. Aussi, les cartes indiquent-elles les sources des trois plus gros affluents du Nil, le Saubat, le fleuve Bleu, et le Tacazzé, du côté du versant oriental, et j'ajoute que la position de l'origine du premier de ces cours d'eau, prenant « vaguement » naissance, sous les noms de *Godjab* et *Omo*, dans une contrée très peu connue, ne saurait, dès lors, être considérée comme simplement hypothétique.

Enfin, s'il ne peut y avoir de vents pluvieux importants à partir de Berber, ceux-ci feront surtout défaut dans toute cette vallée du cours inférieur du Nil, privé, par le fait, de tout affluent, et que nous savons enserrée entre les deux immenses déserts Arabique et Libyque, contribuant eux-même à la pénurie de la pluie, ainsi que cela a été expliqué pour l'Egypte proprement dite.

Je terminerai ces quelques considérations sur l'hydrologie générale du bassin du Nil par un mot sur la prévision des crues :

Du problème de la prévision des crues du Nil. — Laissant ici de côté l'annonce particulière des crues, ou marche du flot entre différentes localités, dont j'ai parlé en commençant, est-il possible de pronostiquer, plusieurs mois à l'avance, les crues du Nil ?

En l'état actuel de nos observations, je ne pense pas que le problème de la prévision proprement dite des crues du Nil puisse être résolu.

Des esprits très éclairés s'en sont cependant occupés. On a voulu trouver une relation, une formule algébrique même a été proposée, entre la montée du fleuve constatée à Assouan, entrée de l'Egypte proprement dite, et des températures et pressions atmosphériques relevées à l'Observatoire de l'Abbassieh, au Caire, comme s'il pouvait y avoir corrélation entre des phénomènes, on ne peut plus naturels évidemment, mais qui se passent l'un sous le ciel de la Basse-Egypte ou du Caire, au 30° de latitude, et l'autre, non pas à la première cataracte, c'est-à-dire encore en Egypte, mais, principalement, à l'Equateur même, c'est-à-dire sous un ciel tout à fait différent, dont les conditions météorologiques, nature, direction des vents, état hygrométrique de l'air, température, etc., n'ont rien à voir (je l'ai dans cette note surabondamment démontré) avec celles de pays situés à 3,333 kilomètres de distance à vol d'oiseau. Autant dire que l'observatoire de Saint-Pétersbourg, éloigné de nous de 30° aussi, soit exactement les 3,333 kilomètres ci-dessus, ou même celui de Vienne, aurait pu nous prédire l'affreux *Khamsin* que nous venons de ressentir ces jours-ci.

La relation ou formule proposée est donc, *a priori*, inacceptable. Quant à sa réfutation par les observations mêmes, le travail a été déjà fait. (Consulter sur cette question le beau, et si consciencieux mémoire de M. Barois sur le *Climat du Caire*. Bulletin de l'Institut Egyptien, année 1889.)

Ce que l'on peut, jusqu'à présent, prévoir avec quelques chances de réalité, c'est la succession d'un bas étiage à une faible crue, l'un étant, pour ainsi dire, la queue de l'autre, et aussi les séries de bonnes et mauvaises crues, série par 2, par 3, etc. (... font rêver aux 7 vaches grasses et aux 7 vaches maigres, aux 7 années d'abondance et aux 7 années de disette, etc...); cela résulte, au moins, de faits bien constatés, de la série des crues du fleuve, que nous possédons, depuis 1798, même au-delà, et peut encore s'expliquer:

En effet, un réservoir, comme est précisément le lac Victoria, sans autre issue que le Sommerset-Nil, peut, par une année exceptionnelle, avoir subi, par exemple, une évaporation très forte absolument anormale, donnant lieu, ainsi, à un faible étiage du Nil; et la crue qui s'en échappera après la saison des pluies ne pourra, dans les conditions ordinaires des tombées d'eau, qu'être médiocre — à moins qu'il ne pleuve beaucoup plus que d'habitude cette année-là. Et, dans ce cas, ce serait une exception. Deux exceptions, trois exceptions comme celles-là, à la file, et échelonnées de temps en temps dans la suite des crues, expliqueront aussi ma seconde pensée.

Enfin, prenons une carte quelconque d'Afrique, re-

marquons la faible distance qui sépare la région des
Lacs des bords de l'océan Indien ; c'est, à l'échelle, 600
kilomètres à voi d'oiseau — distance guère plus grande
que celle d'Assouan à Sioul — et reconnaissons que
quelques séries de bonnes observations faites vers la
côte de Zanguebar sur les différents vents de l'année,
sur leur permanence, leur direction, force, vitesse et
humidité (grands vents distincts des brises régulières,
légères et locales) seraient de toute opportunité pour
les recherches que nous poursuivons, application des
théories qui viennent d'être exposées.

Le colonel Mason bey relate que lors de l'exploration
qu'il fit du sud du lac Albert pour y chercher un
émissaire du Nil, il ne put arriver, avec son bateau, à
remonter une certaine rivière, par suite du manque
de fond, les pluies ayant fait défaut dans la région
des Lacs. Cela se passait dans le premier semestre de
l'année 1877 et la rivière en question n'était autre que
le fleuve *Semliki*, aujourd'hui reconnu par Stanley,
joignant les deux lacs Albert et Albert-Edouard Nyanza.

Il est évident que si nous possédions aujourd'hui les
observations susdites applicables à l'année en question,
nous pourrions vérifier la cause, et de l'insuccès du
colonel, et de la faiblesse de la crue qui se manifesta
en Egypte, précisément en 1877, crue remarquablement
« mauvaise », cause de bien des misères (17 pics et 3
kirats au nilomètre de l'île de Rodah), et qui donna
lieu, du reste, à un très bas étiage pour 1878, suivant
la loi que j'appellerai « des queues des crues » dont
j'ai parlé.

C'est donc là, en face du versant sud-est de l'immense Continent, vers l'entrée du golfe d'Aden (à l'île
Sokotora si l'on veut comme observatoire pour les indications relatives aux bassins de la chaîne Éthiopienne),
d'une part, mais principalement vers cette côte zan-
guebarienne ou de Zanzibar, distante de 150 lieues, à
peine, du cercle d'application du système des vents
qui, dans ces parages, soufflent de la mer des Indes
et passent, plus ou moins humides, plus ou moins
continus, plus ou moins violents, suivant les années
et l'époque de l'année, que se trouve la vraie « Clef du
problème des crues du Nil et de ses étiages » (pronos-
tics des étiages ou des crues fortes, faibles, moyennes,
leur avance, leur retard), de même que c'est par cette
voie, la plus courte, que le problème des sources du
Nil a pu être résolu....

> *Caput Nili quærere*
> *Auctum Nili auspicere.*

l'un étant le complément de l'autre.

Ce sera, pour aujourd'hui, toute ma conclusion, me
proposant de donner, plus tard, une suite à cet Essai.

L'utilité pratique de ces recherches, indépendam-
ment de l'intérêt purement scientifique, ne saurait
être contestée : l'Egypte, séparée aujourd'hui, par suite
de l'insurrection, de ses anciennes provinces du Haut-
Nil, privée de toutes nouvelles concernant le haut
fleuve, ne peut que profiter de ces études ; leur opportunité donc me paraît établie. Mais il faut encore des

observations (¹) et des «observateurs»: nécessité d'un service météorologique à la côte sud-est d'Afrique dans les conditions que j'aie indiquées sommairement, dont le programme technique détaillé est facile à tracer, mais dont le projet de création lui-même n'est peut-être pas aussi aisé à poursuivre, question capitale des «voies et moyens» dont il faut s'occuper avant tout.

Caire, le 20 mai 1893.

VENTRE.

(¹) Je n'ai pu me procurer, en m'adressant au ministère de la marine, à Paris, que quelques observations d'un journal de bord, faites par l'amiral Fleuriot de Langle dans les parages avoisinant le canal de Mozambique et au nord de l'île de Madagascar, et qui intéressent particulièrement le marin, plutôt que l'ingénieur ou l'hydrologue. Mais ces démarches remontent à 1876, c'est-à-dire déjà à 17 ans, et les observations elles-mêmes remontent bien plus haut.

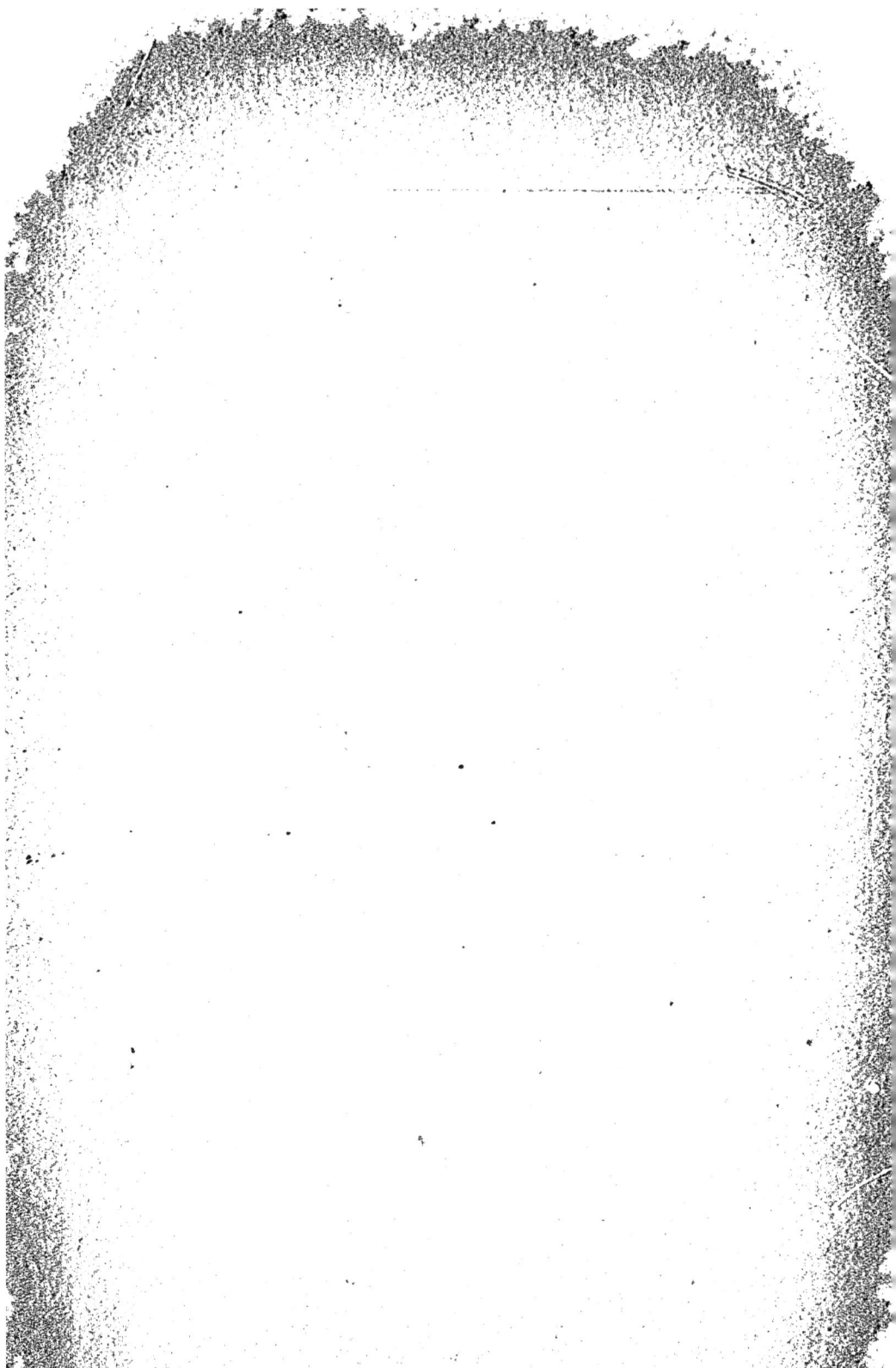

www.ingramcontent.com/pod-product-compliance
Lightning Source LLC
Chambersburg PA
CBHW071428200326
41520CB00014B/3605